Angelika Kipp

Ganz schön kuschelig!

Basteln mit Urselle-Papier

frechverlag

Von der bekannten Autorin Angelika Kipp sind im frechverlag andere erfolgreiche Titel erschienen. Hier eine Auswahl:

TOPP 1920

TOPP 1919

TOPP 1886

TOPP 2000

TOPP 1780

Zeichnungen: Berthold Kipp

Fotos: frechverlag GmbH + Co. Druck KG, 70499 Stuttgart; Fotostudio Ullrich & Co., Renninge

Auflage: 5. 4. 3. 2. 1. | Letzte Zahlen
Jahr: 1999 98 97 96 95 | maßgebend

frechverlag GmbH + Co. Druck KG, 70499 Stuttga

ISBN 3-7724-2021-4 · Best.-Nr. 2021

Druck: frechverlag GmbH + Co. Druck KG, 70499 Stuttga

Haben Sie schon einmal ein kuscheliges Fensterbild in Händen gehalten? Oder wissen Sie, wie ein Schäfchen als Stabdekoration besonders flauschig wird? Und die Brosche für die Kleinen sollte so richtig zum Streicheln und Darüberstreichen einladen ... !?!

Dann ist Urselle-Papier gefragt! Das ist ein veloursartiges Material, das jeweils auf die Grundform aus Tonkarton aufgeklebt wird – damit wird das Schäfchen echt flaumigweich, die Schneemänner ziehen sich zum Schutz gegen die klirrende Kälte warme Mützen an, und Papagei Lora kommt zum Kuscheln!

Auch die Anwendungsbeispiele sind vielfältig: Fensterbilder, Mobile, Stabdekorationen, Schultüten, Masken, Karten, Broschen, Geschenkanhänger ...!

Urselle-Papier, das im Fachhandel auch als Vivelle-Papier bekannt ist, wurde vom Arbeitsausschuß Kinderspiel + Spielzeug mit „Spiel gut" ausgezeichnet.

Aber eines haben alle gemeinsam: Jeder streicht über die weiche Oberfläche und freut sich an dem flauschigen Material, denn es ist einfach ganz schön kuschelig!

Viel Spaß beim kuscheligen Basteln!

Angelika Kipp

Arbeitsmaterial

- Urselle-Papier (veloursähnliches Papier), in verschiedenen Farben und Größen erhältlich
- Tonkarton
- Kreppapier
- Regenbogenfotokarton DIN A2, 300 g/m²
- Teddynase (ø 1,4 cm)
- dünne Pappe
- Schere
- Schneidemesser
- Schneideunterlage
- weicher Bleistift
- schwarzer Filzstift
- schwarzer wasserfester Stift
- weicher Radiergummi
- bewegliche Kunststoffaugen (Wackelaugen)
- Transparentpapier
- Klebstoff oder Kraftkleber
- Messingstäbe (in Baumärkten erhältlich)
- Nadeln zur Befestigung von Kinderbroschen
- Kordel
- dünnes Gummiband
- Haushaltsgummis

Tips und Tricks fürs Basteln von kuscheligen Fensterbildern

Gestaltung des Motives von der Vorder- und Rückseite

Ein frei hängendes Fensterbild sollte sowohl von der Vorder- als auch von der Rückseite gearbeitet werden. Hierzu benötigen Sie die meisten Teile in doppelter Ausführung.
Die Teile der Rückseite werden nur spiegelverkehrt, aber in der gleichen Reihenfolge wie auf der Vorderseite angeordnet.

Das Aufhängen

Es gibt verschiedene Möglichkeiten, ein Fensterbild aufzuhängen. Sie können sich zwischen dem altbewährten Faden oder einem Klebeband entscheiden.
Wenn Sie mit einem Faden arbeiten wollen, balancieren Sie das Motiv zwischen Daumen und Zeigefinger aus, bis Sie die richtige Stelle gefunden haben. Mit einer Nadel stechen Sie dann einige Millimeter vom Rand entfernt in den beklebten Tonkarton und ziehen nun den Faden durch.
Je größer Ihr kuscheliges Fensterbild ist, um so sinnvoller ist es, das Werk an zwei Fäden aufzuhängen.

Arbeits-anleitung

1 Legen Sie das Transparentpapier auf die ausgewählte Vorlage, und übertragen Sie alle benötigten Einzelteile, ohne daß diese sich überschneiden.
Das Transparentpapier wird auf eine dünne Pappe geklebt und ausgeschnitten. Fertig sind die Schablonen!

2 Legen Sie die Schablonen jeweils auf die weiße Seite des Velourspapiers (Urselle), also auf die Rückseite, und umfahren Sie sie ohne allzu großen Druck mit einem Filzstift. Damit Ihr kuscheliges Werk später genügend Stabilität aufweist, fertigen Sie zusätzlich mit Hilfe der Schablonen alle Grundformen auch aus Tonkarton an (siehe Motivbeschreibung).

3 Kleben Sie die Form aus Ursellepapier jeweils auf den zugeschnittenen Tonkarton.

4 Fixieren Sie dann die Einzelteile; je nach Motiv bestehen sie aus Tonkarton oder aus Velourspapier. Markierte Stellen werden mit einem wasserfesten Stift aufgemalt.
Hängt ein Motiv frei, sollte auf jeden Fall die Rückseite deckungsgleich gearbeitet werden.

Schneemann – Geschenkanhänger

Die Grundform der weißen Männer wird mit Pappe hinterklebt. Die Mütze, der Schal, die Wackelaugen (ø 0,8 cm) und die aus Tonkarton gearbeitete Nase werden aufgesetzt.

Gut, wenn man bei dieser Kälte so kuschelig warm angezogen ist.

Eine Pinguinschar

Das weiße Bauch- sowie das schwarze Körperteil werden jeweils auf entsprechend farbigen Tonkarton geklebt.
Die Tonkarton-Füße werden untergesetzt, der Schnabel und das Wackelauge (ø 1,4 cm) werden darauf fixiert.
Auf der Rückseite kleben Sie das Velourspapier direkt auf die schon vorhandene Pappe.

Nun kann eine ganze Pinguinkolonie durchs Kinderzimmer wandern!

Kunterbunte Clowns

Abbildung Seite 8

Gelbschopf

Bei diesem witzigen Gesellen zeichnen Sie zunächst die Augen und den Mund auf. Kleben Sie die Haare, den Anzug und die Schuhe auf eine dünne Pappe, um die nötige Stabilität zu erhalten. Fixieren Sie die Urselle-Schuhe und die Tonkarton-Hände unter dem Anzug, die Punkte und Schleifenteile darauf.
Dann bekommt Gelbschopf sein zusammengefügtes Kopfteil. Auf der Rückseite kann das Velourspapier direkt aufgeklebt werden.

Jetzt kann die Clownerei beginnen!

Rotkappe

Zeichnen Sie Clown Rotkappe das Gesicht auf. Alle Urselle-Einzelteile werden auf eine helle Pappe geklebt, damit der lustige Geselle nicht umknickt. Fügen Sie die Hose und das Oberteil zusammen. Die Hände sowie die gestreiften Socken samt Schuhen werden von hinten ergänzt. Das Tonkarton-Gesicht und die Mütze werden auf das Haarteil aufgesetzt und am Oberkörper befestigt. Anschließend verschönern Sie die Kleidung mit den Pompons.

Ein schönes Paar!

Kindermasken

Bevor der Maskenball beginnen kann, kleben Sie die Urselle-Grundformen jeweils auf eine dünne Pappe. Je nach Alter der Kinder, das heißt je nach Augenabstand, plazieren Sie die Löcher zum Durchschauen.
Ergänzen Sie die aufgesetzten Teile – sie bestehen entweder aus Urselle-Papier oder aus Tonkarton –, und befestigen Sie ein dünnes Gummiband an den Maskenrändern.
Die Wimpern des Hasen sind aufgezeichnet.
Wer bist Du denn?

Frohe Ostern

Der kleine Mümmelmann

Die Urselle-Hasenform wird mit einer hellen Pappe hinterklebt. Die Nase und die Barthaare sollten Sie mit einem schwarzen Stift (permanent) ergänzen. Fixieren Sie noch das Innenohr, die große Schleife und das Schwänzchen – und fertig ist Ihr Kuschelhase!

Das wird ein kuscheliges Osterfest!

Gerade aus dem Ei geschlüpft

(Kükenstecker)

Die kuschelige Körperform der Küken wird auf gelbe Pappe geklebt, um die nötige Stabilität zu erhalten.
Dann bekommen die gelben Wonneproppen ihre Wackelaugen (ø 1,4 cm), den Tonkarton-Schnabel und die Füße; das Schnabelinnenteil ist aufgemalt.
Mit dem Kraftkleber befestigen Sie eine Messingstange, die Sie im Baumarkt erhalten.

Das sind dann echte Kuschelküken!

Die Osterkarte

Bringen Sie das Fußpaar sowie den Schnabel, die Schleife und das Wackelauge (ø 1 cm) am Entenkörper an.
Kleben Sie die Wiese auf die Karte, und stellen Sie das Entenküken darauf.

Dieses Jahr können Sie kuschelige Ostergrüße verschicken!

Frohe Ostern!

Kuschelige Ostern!

Hinterkleben Sie beide Tierformen sowie den Kamm des Federviehs und die Eier aus Stabilitätsgründen mit Pappe.
Schwarz markierte Stellen (siehe Vorlagenbogen) werden aufgezeichnet.
Beim Schaf ergänzen Sie das fertiggestellte Gesicht, die Wackelaugen (ø 1,4 cm) und die Beine, die aus Tonkarton gearbeitet sind.
Das Huhn bekommt alle Einzelteile (Augen ø 1,6 cm); der Schnabel wird aus Tonkarton gearbeitet.

Und wieviel Kuscheleier hat das Huhn heute schon gelegt?

Der Mai ist gekommen

Hinterkleben Sie die Körper dieser Krabbeltiere mit schwarzem Tonkarton. Die weißen Zacken – aus Tonkarton gearbeitet – werden von vorne ergänzt. Der aufgesetzte Flügelpanzer sowie die Fühler bestehen ebenfalls aus Tonkarton. Fixieren Sie das Wackelauge (ø 1,4 cm) von vorn, der Messingstab wird mit Kraftkleber auf der Rückseite befestigt.

Kuschelmonat Mai ist da!

Ein kuscheliger Hochzeitsbogen

Abbildung Seite 15

Stellen Sie von den kleinen und großen Herzen die gewünschte Anzahl aus rotem oder weißem Tonkarton her. Kleben Sie sie auf die Rückseite des entsprechenden Urselle-Papieres, und schneiden Sie sie mit der Schere aus. Die Herzchen, sowohl groß und klein, sollten auf jeden Fall beidseitig beklebt werden, damit sie sich bei Feuchtigkeit nicht so leicht verziehen.

Die ganz großen Herzen werden ineinander gesteckt und festgeklebt, wobei ein Herz eingeschnitten werden muß – wählen Sie die Schnittstelle so, daß sie von dem anderen Herzen verdeckt wird! Die Herzchen sollten an einem Ort befestigt werden, der ein wenig vom Regen abgeschirmt ist.

Hier können schon kleinere Kinder mitschneiden und kleben, damit der Hochzeitstag so richtig kuschelig wird.

Hallo, wo bin ich?

Abbildung Seite 17

Für diese niedlichen Wandbilder benötigen Sie Bilderrahmen der Größe 40 cm x 50 cm.

Schneiden Sie aus weißem Tonkarton ein Blatt in Bilderrahmengröße aus, und legen Sie es als erstes von hinten in den Rahmen. Dann folgen die Glasscheibe (später nicht sichtbar) und die Hartfaserplatte des Rahmens.

Die dunklen Löcher, die die Mäuschen herausgeknabbert haben, sind aus dunkelgrauem Tonkarton geschnitten.

Beim rechten Mäuschen werden zunächst das Körperteil und der Schwanz fixiert. Bevor Sie das Kopfteil befestigen, kleben Sie das Ohrenpaar an das Köpfchen. Nun braucht die kleine Maus nur noch das Schnäuzchen, das Wackelauge (ø 2 cm) und die Pfoten. Die Krallen sind aufgezeichnet, und schon kann es aus seinem Loch hinausschauen.

Das linke Mäuschen ist noch nicht so mutig: Vorsichtig lugen seine Wackelaugen (ø 2 cm) aus dem Mauseloch hervor. Die Ohrenteile sowie das Pfotenpaar werden aufgesetzt, die Krallen aufgemalt.

Keine Angst vor kleinen Kuschelmäusen!

TOPP

Bügelprobe zum Ausprobieren

Ausschneiden
Aufbügeln
Ausmalen
Anziehen

Motive aus
TOPP-Nr. 2021

Ausschneiden
Aufbügeln
Ausmalen
Anziehen

Trendstarke Motive für Kreative

Original
Hobbidee
Transfers
für die
Seidenmalerei,
Stoffmalerei,
für Dekorationen,
Karten und mehr ...
X-beliebig
multiplizierbar,
kombinierbar,
variierbar.
Bis 10 mal abbügelbar!

07-016 73
Lui, der Löwe
11 Motive von 11-23 cm

07-016 72
Die Gnominis
12 Motive von 11-23 c

07-016 56
Fröhliche Elefanten
10 Motive von 6-21 cm

07-014 82
Dinosaurier III
Lustige Sticker-Vorlagen
von 5-12 cm

07-015 71
Pinguine und Familie
Seehund
18 Motive von 7-20 c

frechverlag

Emsige Bienen

Bei diesen fleißigen Arbeitern werden der Körper sowie die Fühler mit Tonkarton hinterklebt. Die braunen Streifen und das Auge (ø 1,4 cm) ergänzen Sie von vorne.

Die Wimpern sind mit einem wasserfesten Filzstift aufgemalt. Damit die Bienen über die Blüten hinwegsurren können, fixieren Sie noch die Fühler und das Flügelpaar.

Der Messingstab wird mit Kraftkleber von hinten angebracht.

Haben Sie schon einmal so kuschelige Bienen gesehen?

Ein großer Brummbär

Bei diesem Riesenteddy werden das Kopfteil, das Hemd, die Hose, die Arme und die Füße mit Tonkarton hinterklebt, damit der große Brummbär nicht umknickt.

Die Innenohrteile sowie das Schnauzenteil mit der aufgesetzten Nase und die Fußsohlen sind aus Tonkarton gearbeitet. Der Mund ist aufgemalt, die Augen (ø 2 cm) sind aufgeklebt.

Setzen Sie die mit Herz und Flicken verzierte Hose auf die Bluse; die Fuß- und Kopfteile werden auf den Kleidungsstücken befestigt. Fixieren Sie noch die Arme.

Und dann suchen Sie ein kuscheliges Plätzchen für diesen Teddybären!

Kinderbroschen

Die Grundformen der Broschen aus dem Velourspapier werden aus Stabilitätsgründen mit Tonkarton hinterklebt.

Pandabrosche

Aus Stabilitätsgründen werden die Ohren des Bären auch mit Tonkarton hinterklebt. Der schwarze Augenbereich mit den Augen (ø 0,7 cm) und die Bärennase (ø 1,4 cm) sind von vorne fixiert. Das Maulteil ist mit einem wasserfesten Stift aufgezeichnet.

Erdbeerbrosche

Da bei der Erdbeere der grüne Stiel über die Frucht hinausragt, wird er ebenfalls mit Tonkarton hinterklebt. Für die kleinen Härchen der Erdbeere brauchen Sie einen wasserfesten Stift.

Entenbrosche

Bei der Ente werden der Tonkartonschnabel und das Augenpaar (ø 1,4 cm) ergänzt.

Froschbrosche

Bei dieser lustigen Brosche werden der Mund, der aus Tonkarton gearbeitet ist, und die Wackelaugen (ø 1,4 cm) aufgeklebt.

Schmetterlingsbrosche

Die Punkte aus Urselle-Papier werden auf die Flügel, der Körper aus Tonkarton wird mittig aufgesetzt.

Hundebrosche

Malen Sie die Nase und den Mund mit einem wasserfesten Stift auf. Das Auge (ø 0,6 cm) und das Ohr werden aufgeklebt.

Kuhbrosche

Das Maulteil der Kuh ist aus Tonkarton gearbeitet, das Maul und die Nasenöffnungen sind aufgemalt, das Augenpaar (ø 1,4 cm) ist aufgeklebt.

Gespensterbrosche

Bei dieser „unheimlichen" Brosche ist der Mund mit einem wasserfesten Stift aufgezeichnet, die Augen (ø 1 cm) sind aufgeklebt.

Raupenbrosche

Das Gesicht der Raupe wird auf den Tonkartonkopf aufgezeichnet; der Körper ist mit vielen Punkten beklebt.

Und welches ist jetzt Deine Lieblingsbrosche?

Karten für viele Gelegenheiten

Die Größe aller Karten mit Ausnahme des Gutscheins für einen Zoobesuch beträgt 10,5 cm x 15 cm.

Gutschein für einen Zoobesuch

Schneiden Sie die Grundform der Karte aus rotem Tonkarton (30 cm x 21 cm). Überkleben Sie die rechte Innenseite mit einem weißen Papier. Bringen Sie die Giraffenform an, und fixieren Sie die Farbtupfer und die Mähne.
Das Nasenloch ist aufgemalt. Das Auge (ø 0,7 cm) und die Hörner sind aufgeklebt.

Die Giraffe kann zum Fenster hinausschauen – wann kommen endlich die nächsten Besucher?

Indianer-Einladungskarte

Kleben Sie folgende Teile nacheinander auf die Karte: die Federn, das Haarteil, das fertig bemalte, aus Tonkarton gearbeitete Gesicht und das Stirnband.

Dann kann das Indianerfest bald beginnen!

Laß Dich mal wieder sehen

Das Mauseloch besteht aus Tonkarton. Nacheinander werden folgende Teile aus Urselle-Papier aufgesetzt: das Ohrenpaar, der Mauskörper und der Schwanz.

Na komm, laß Dich mal wieder blicken!

Viel Glück

Beim Glücksschwein wird zunächst das Bauchteil aufgeklebt, dann folgt der Kopf mit dem aus Tonkarton gearbeiteten Schnauzenteil. Die Nasenöffnungen sind aufgemalt, das Wackelaugenpaar (ø 1 cm) ist aufgesetzt.

Und nun, viel Glück!

Gutschein für ein großes Eis

Der Eisbecher ist aus Tonkarton gearbeitet. Nacheinander werden folgende Teile auf die Karte geklebt: die Waffel, die gelbe, die blaue und die rote Kugel.

Lecker!

Viel Glück
Einladung
Gutschein
für ein großes Eis
Laß Dich mal wieder sehen!

Kuschel-Rüsseltiere

Hinterkleben Sie den Elefantenkörper mit Tonkarton. Das Ohr und das Wackelauge (ø 1,4 cm) werden jeweils aufgesetzt.

Sie können diese Tiere einzeln oder als Gruppe untereinander aufhängen, dann wird's eine kuschelige Elefantenkette.

Ich heiße Lora

Damit Sie sich an diesem wunderbar bunten Vogel erfreuen können, schneiden Sie zunächst die Körperform aus Urselle-Papier aus und hinterkleben sie aus Stabilitätsgründen mit Tonkarton.
Dann fixieren Sie die gelbe und die grüne Schwanzfeder sowie das weiße Kopfteil samt Schnabel, der aus Tonkarton gearbeitet ist, und samt Wackelauge (ø 1,4 cm).
Der Schnabelstrich und die Nasenöffnung sind aufgemalt. Die Grundform des blauen Flügels wird mit Tonkarton hinterklebt; anschließend bringen Sie das grüne, das orange und das gelbe Flügelteil an.
Damit der Vogel sich auf seiner Tonkarton-Schaukel festhalten kann, bekommt er noch eine Kralle. Das Kopfteil wird mit dem Schaukelrand verbunden, so bleibt die Bastelarbeit stabil.

Lora, komm kuscheln!

Mein erster Schultag

Diese herrlich bunt leuchtenden Schultüten sind aus Regenbogentonkarton (300 g/m²) DIN A2 gearbeitet. Die ausgeschnittene Form wird zu einer Tüte gerollt. Die schraffierte Fläche (siehe Vorlagenbogen) wird mit Kraftkleber bestrichen; formen Sie dann den Karton zur Tüte. Beim Klebevorgang sind kleine Haushaltsgummis, die um die Tüte gelegt werden, eine große Hilfe.

Die Öffnung der Tüte wird mit Kreppapier (120 cm x 38 cm) verschlossen. Dazu streichen Sie die Tütenöffnung von innen mit Kraftkleber ein. Das Kreppapier wird beim Klebevorgang leicht ineinandergeschoben, so daß es schön locker und bauschig aussieht.
Mit Kreppapierband (120 cm x 4 cm) wird das angeklebte Papier gerafft und mit einer Schleife zusammengebunden.

Teddyschultüte

Die Schultüte wird wie oben beschrieben gearbeitet. Die Teddyform sowie die Schleife werden aus Velourspapier geschnitten und aufgeklebt.
Das Maulteil mit dem aufgemalten Mund und der Nase sowie die Augen (ø 1,4 cm) sind noch von vorne ergänzt.

Schmetterlingstüte

Die Schmetterlingsflügel sind aus Urselle-Papier, die Körper aus Tonkarton gearbeitet und aufgeklebt.

Nun kann der erste Schultag kommen!

Nachwuchs bei Familie Koala

Für dieses Bild benötigen Sie einen Bilderrahmen der Größe 30 cm x 40 cm. Schneiden Sie den weißen Karton in der Größe der Glasscheibe aus, und legen Sie ihn vor die Scheibe in den Rahmen.

Der Baum, die Blätter und die typischen Koalanasen werden aus Tonkarton gearbeitet. Kleben Sie zuerst den Baum mit den Blättern auf, dann setzt sich Mama Koala – allerdings vorerst noch ohne Kopf – auf den Baum. Der kleine Bär samt Kopf (Augen ø 1 cm) wird auf dem Rücken des Muttertieres fixiert. Erst jetzt ergänzen Sie das fertige Kopfteil der Bärenmutter (Augen ø 1,4 cm).

Nun können die beiden es sich dort oben gemütlich machen!

Ein kleines Stinktier

Hinterkleben Sie die gesamte Tierform sowie den Arm mit schwarzem Tonkarton, das weiße Teil mit hellem Karton. Dann setzen Sie das weiße Fellteil, den Arm, das Wackelauge (ø 2 cm) und das Schnäuzchen, das aus Tonkarton gearbeitet wird, auf.

Und keine Angst vor unangenehmen Gerüchen, das kleine Stinktier will nur kuscheln ...!

Ein Waschbär

Die Grundform des Waschbären, der Arm und das Tuch werden mit Tonkarton hinterklebt, um die nötige Stabilität zu erreichen.
Fixieren Sie nacheinander das weiße Augen- und das Bauchteil, das graue Ohrteil und die übrigen schwarzen Velourssteile.
Die Nase ist aus Tonkarton gearbeitet. In der linken Hand hält der Waschbär sein getupftes Tuch. Nun fehlt noch das Wackelauge (ø 1,4 cm).

Haben Sie auch so ein schönes Kuscheltuch?

Auf zur Arbeit

Hinterkleben Sie den schwarzen Velourskörper und den Arm aus Stabilitätsgründen mit Tonkarton. Dann wird das rosa Schnauzen-Bauch-Teil ergänzt.
Zeichnen Sie den Mund mit einem wasserfesten Stift auf, und kleben Sie die Nase aus Tonkarton und das Auge (ø 1,4 cm) auf.
Der Helm, der zweiteilige Spaten und die Krallen werden aus Tonkarton gearbeitet. Fixieren Sie diese Teile am Körper, wobei der Maulwurf den Spaten auf der Schulter trägt.

Und dann nichts wie ab zum Buddeln!

Weihnachts- und Adventszeit

Nikolaus

Die rote Nikolausform (samt Hut), die aus Urselle-Papier geschnitten ist, hinterkleben Sie mit Tonkarton.
Fixieren Sie folgende Teile nacheinander: das große Bartteil, die Hände (Tonkarton) und das Gesichtsteil mit der Nase (Tonkarton), den Schnurrbart, die Mantelfelle, das Kreuz und die Pompons. Die Augen sind aufgemalt.

Geschenkanhänger

Bei dem Handschuhpaar werden die einzelnen Teile mit Pappe verstärkt und zusammengefügt.
Hinterkleben Sie die Grundform der Mütze und den Pompon mit Tonkarton; der Mützenrand ist aufgesetzt.

Kuschelige Weihnacht!